Tb ^{54} $3.$

4.

OBSERVATIONS
GÉNÉRALES
SUR
LES SENSATIONS,

*Et particulièrement fur celles que nous
nommons chaleur & froid ;*

Lues à la Société Royale de Médecine, le 24 Décembre
1790.

Par M. Seguin (a).

IL eſt maintenant bien reconnu, que du choix
des expreſſions & de l'acception uniforme des
mots, dépend, en grande partie, la clarté du
langage, & conféquemment l'intelligence des

Moyen de
faciliter l'in-
telligence
des propoſi-
rions abſtrai-
tés.

(a) Nous avons déjà publié dans les Annales de Chi-
mie deux Mémoires ſur le *calorique* ; le Mémoire ſur
la reſpiration , imprimé dans le Journal de Phyſique
(Décembre 1790) , forme le troiſième ; & celui-ci forme
le quatrième.

A

propofitions abftraites. C'eft principalement fous ce point de vue que M. de Morveau, M. Lavoifier, M. Berthollet & M. Fourcroy, ont crû néceffaire de propofer une nouvelle nomenclature.

Néceffité de raffembler fous un feul point de vue les diverfes acceptions du même mot.

Si les préjugés de l'habitude n'avoient pas contrarié le defir fi naturel à ceux qui cultivent une fcience d'en accélérer les progrès, on ne feroit pas contraint de préfenter au commencement de chaque Ouvrage, les diverfes acceptions du même mot : mais, comme l'efprit humain n'a pas encore acquis affez de maturité pour faire à la raifon le facrifice de fes propres idées, ou du moins des idées qu'il s'approprie journellement, je ferai forcé de vous préfenter d'abord les acceptions différentes qu'on attache fouvent à la même dénomination, & je réfumerai ce premier travail en rapportant le fens que j'attache, tant aux expreffions anciennes, qu'aux expreffions nouvelles que je croirai propres à enrichir la fcience.

Défaut dans lequel on tombe lorfqu'on ne prend pas ces précautions.

Cette introduction eft à la vérité faftidieufe, mais malheureufement indifpenfable. Sans elle, on pourroit quelquefois regarder comme abfurdes, des conféquences très-directes, qui fouvent ne nous paroiffent fauffes, que parce que nous attachons un fens tout oppofé à l'expreffion dont l'auteur s'eft fervi pour les préfenter.

Ces réflexions préliminaires, Messieurs, font applicables à la rédaction des différens Mémoires que je me propose de soumettre successivement à vos lumières. Je suivrai dans tous, la même marche méthodique.

Marche méthodique de ce mémoire.

Mon but est de vous présenter dans celui-ci quelques observations générales sur les sensations, & particulièrement sur celles que nous nommons *chaleur* & *froid*.

Son objet.

Lorsqu'on s'approche d'un brasier, on éprouve une sensation qu'on nomme chaleur. Mais d'où dépend cette sensation ? Arrêtons-nous d'abord sur cette première question.

Premier énoncé.

Quoiqu'on ait cru pendant long-tems, *que la chaleur étoit le résultat des mouvemens insensibles des molécules de la matière* ; presque tous les physiciens sont maintenant persuadés, *qu'elle est produite par une substance particulière*.

Opinion des anciens sur la chaleur.

Opinion des Physiciens modernes sur le même objet.

Cette dernière opinion étant à peu-près générale, nous l'admettrons d'autant plus volontiers, qu'elle conduit immédiatement à l'explication de presque tous les phénomènes de la nature.

Admission presque générale de cette dernière opinion.

Une telle distinction entre la *cause* & l'*effet*, diminuoit déjà considérablement les difficultés ; mais il falloit encore, pour la clarté du langage, désigner l'une & l'autre par des expressions différentes.

Nécessité de distinguer par des mots différens la sensation de *chaleur*, de la *cause* qui la produit.

Acception du mot *chaleur* avant l'époque où l'on a publié la nouvelle nomenclature.

Nous devons obferver à ce fujet, qu'avant l'époque où l'on publia la nouvelle nomenclature, on fe fervoit indiftinctement du mot *chaleur* pour défigner, & la fenfation qu'on éprouve lorfqu'on fe chauffe ; & le principe qui produit cette fenfation.

Acception que les Phyficiens modernes attachent aux mots *calorique, chaleur & froid*.

Mais cette double acception jettant une grande obfcurité dans toutes les définitions, les Phyficiens modernes fentirent la néceffité de défigner la *caufe* & l'*effet* par des dénominations différentes : ils donnèrent donc le nom de *calorique* à cette fubftance qui produit fur nous des fenfations particulières, & ils réfervèrent les mots *chaleur* & *froid* pour exprimer ces fenfations.

Deuxième énoncé.

Ainfi nous difons, que *le calorique produit fur nos organes, en vertu de la propriété dont il jouit de fe mettre en équilibre, plus ou moins promptement, dans tous les corps qui font en contact, deux fenfations que nous nommons chaleur & froid.*

Conditions néceffaires pour que nous éprouvions une fenfation de *chaleur* ou une fenfation de *froid*.

Lorfqu'il fe combine avec notre fyftème, nous éprouvons une fenfation que nous nommons *chaleur* ; lorfqu'au contraire nous en communiquons aux corps environnans plus qu'à l'ordinaire, nous éprouvons une fenfation que nous nommons *froid*.

Acception

On s'eft auffi fervi quelquefois du mot *feu*

pour exprimer, & la *cause* & l'*effet*, mais on lui donne maintenant une acception toute différente. Nous désignons par le mot *feu* les dégagemens réunis du *calorique* & de la *lumière*. Dans ce sens, cette expression représente un phénomène particulier qui agit sur deux de nos organes; 1°. en nous procurant la sensation de *chaleur*; 2°. en produisant sur nous cette sensation que nous nommons *clarté*, & qui dépend de la substance particulière que nous connoissons sous le nom de *lumière*.

que les Physiciens modernes attachent au mot *feu*.

Ainsi, *le mot feu nous représente une opération dans laquelle il y a en même-tems dégagement de calorique & de lumière.* Si nous disions, par exemple, faites du *feu*, cet ordre seroit équivalent à celui-ci, produisez tout-à-la-fois un dégagement de *calorique* & de *lumière*, ou autrement, procurez-nous en même-tems deux sensations différentes, la *chaleur* & la *clarté*. Il résulte de cette explication, qu'une bougie allumée & qu'un charbon rouge produisent du *feu*, tandis qu'une pierre médiocrement chauffée, n'en produit jamais lorsqu'on la laisse en repos, à moins qu'elle ne soit phosphorescente.

Distinction entre les mots *feu*, *chaleur* & *clarté*.

L'intensité de la chaleur & du froid, n'étant appréciable que par la comparaison que nous établissons sans cesse entre les différens degrés

Troisième énoncé.

A üj

de chacune de ces deux *fenfations*, nous difons
fouvent que nous avons chaud, lors même que
nous fourniffons du calorique aux corps environnans. Cette défignation de fenfation provient de ce que les quantités de *calorique* que
nous perdons étant très-variables, nous les comparons fans ceffe : ayant donc nommé *froid*,
la fenfation que nous éprouvons lorfque nous
communiquons une quantité de *calorique* quelconque ; nous nommons *chaleur* la fenfation
que nous éprouvons lorfque nous en perdons
une quantité moins confidérable.

Réunion
des différen-
tes circonf-
tances où
nous éprou-
vons la fen-
fation de
chaleur.

Nous pouvons donc éprouver une fenfation
de *chaleur*, lors même que nous fourniffons
du *calorique* aux corps environnans ; ce qui
donne une bien plus grande étendue à l'un des
énoncés précédens. D'après cette confidération
nous pouvons dire, que *nous éprouvons la fenfation de chaleur, toutes les fois que le calorique
fe combine avec notre fyftême, ou que nous en
communiquons aux corps environnans une quantité moins confidérable que celle que nous leur
communiquions à l'inftant où nous éprouvons
une fenfation différente que nous défignions par
le mot* froid *; & vice verfa.*

Quatrime
énoncé.

Comme nous n'avons que deux mots pour
exprimer les fenfations que nous procure le
calorique, lorfqu'il ne déforganife pas notre fyfté-

me, le nombre de degrés que comprend l'intensité de ces sensations, est très-considérable; d'où il résulte, 1°. *qu'on ne peut attacher aucun sens aux mots* chaleur & froid, *si l'on ne compare pas la sensation qu'ils expriment, à un point fixe qui serve d'étalon.* 2°. *Que chacune de ces sensations comprend un très-grand nombre de degrés, & n'a rien de stable pour l'époque de sa dénomination.*

Le jugement que nous portons sur l'intensité de la chaleur & du froid, dépend presque toujours, de la comparaison que nous établissons entre la sensation que nous éprouvons lors du jugement, & celle que nous éprouvions l'instant d'auparavant. C'est ainsi que lorsqu'une de nos mains est dans l'air environnant dont la *température* est, par exemple, de trois ou quatre degrés au-dessus du *zéro thermométrique,* tandis que l'autre est plongée dans de la glace; nous disons, & avec raison, que nous éprouvons dans cette dernière une sensation de *froid:* mais si nous la retirons & que nous la laissions pendant quelque tems dans l'air atmosphérique, nous éprouvons promptement à cette extrêmité une sensation douloureuse, que nous exprimons en disant que notre main est *brûlante.* Nos deux mains, quoiqu'exposées à la même *température,* éprouvent donc dans cette circonstance des sensations différentes ; d'où il réfulte que, *l'intenfité plus ou moins grande de la même fenfation, s'apprécie ordinairement par la comparaifon que nous établiffons entre les degrés de cette fenfation qui fe fuivent immédiatement.*

Deuxième exemple. En étendant ce raifonnement, on peut expliquer pourquoi la neige nous paroît plus froide que la pluie. Dans le premier cas, nous fourniffons une plus grande quantité de *calorique* que dans le fecond, parce que les molécules de neige ne peuvent fe liquéfier, qu'en fe combinant intimement avec une certaine portion de *calorique* qui eft néceffaire à leur *liquéfaction*, & qui n'élève pas leur *température*.

Troifième exemple. On conçoit encore pourquoi, lorfqu'on a été expofé pendant quelque tems à la neige, & qu'on rentre dans une chambre dont la *température* eft de 7 ou 8 degrés au-deffus du *zero thermométrique*, on éprouve une fenfation de *chaleur* très-confidérable. Comme dans cette dernière circonftance, on communique beaucoup moins de *calorique* que dans la première, & qu'on n'a que deux mots pour exprimer ces fenfations, ayant défigné l'une par le mot *froid*, il faut bien qu'on exprime l'autre par le mot *chaleur*.

Je pourrois rapporter encore beaucoup d'exemples qui prouveroient, *que le jugement* que nous portons sur l'intensité de chaque senfation, dépend de la comparaison que nous établissons sans cesse, entre les différens degrés de la même senfation qui se suivent immédiatement; mais, comme ces exemples sont faciles à saisir, je me contenterai d'en citer encore quelques-uns.

Si l'on reste quelque tems dans une *tempé-rature* de 4 ou 5 degrés au-dessus du *zéro ther-mométrique*, on ne se plaint plus d'avoir *froid*; mais si l'on va se chauffer à un *feu vif*, & qu'on revienne ensuite dans cette *température* de 4 ou 5 degrés, on éprouve, pour l'instant, une senfation de *froid* assez considérable. C'est ainsi qu'on a *froid* en sortant d'un bain *chaud*, & qu'on a *chaud* en sortant d'un bain *froid*.

Quatrième exemple.

L'eau-de-vie mise sur une blessure, y produit une grande irritation; mais, lorsque son action est cessée, l'air environnant n'agissant sur la plaie que comme un *stimulus* bien plus foible, la douleur n'est pas à beaucoup près aussi vive, & nous disons alors que nous sommes soulagés.

Cinquième exemple.

Si une perfonne va en plein jour dans un endroit obfcur où il n'entre que peu de *rayons lumineux*, elle ne distingue d'abord aucun objet, parce qu'il y a une trop grande différence entre la senfation qu'elle éprouvoit précédemment, & celle dont elle est alors affectée: mais

Sixieme exemple.

si elle y reste quelque tems, la comparaison qu'elle établissoit entre ces deux sensations s'efface insensiblement, & bientôt le rapport qui s'établit entre l'organe de sa *vue* & le peu de *rayons lumineux* qui entrent dans l'endroit obscur, se rapprochant de celui qui existoit entre ce même organe & tous les *rayons lumineux* qui frappoient ses yeux lorsqu'elle étoit en plein jour, elle commence à distinguer les objets.

Septième exemple. On observe un effet inverse lorsqu'on passe promptement d'un endroit obscur dans un lieu très-éclairé, avec cette différence, que dans ce cas la sensation est beaucoup plus vive. *En général, on est presque toujours douloureusement affecté par le passage rapide d'une sensation à une autre sensation du même genre, lorsque leur intensité est très-différente.* Cette sensation douloureuse produit même pour l'instant, soit directement, soit indirectement, un changement général dans tout le système. Je dois à ce sujet **Observation intéressante.** vous rapporter une observation importante sur laquelle je reviendrai dans une autre circonstance. Je faisois des expériences sur le sommeil ; & M. Gillan & moi, nous tâtions plusieurs fois dans la nuit le pouls d'une troisième personne. Une nuit entr'autres, vers les cinq heures du matin, le nombre des pulsations de la personne sur laquelle nous opérions, étoit de 68 par minute ; mais comme, pour être plus fûrs de notre fait, nous comptions ordinairement avec une bonne montre à fecondes, pendant deux ou trois minutes, elle fe réveilla fubitement, &, en ouvrant les yeux, elle reçut l'impreffion de la *lumière* qui les lui fit refermer très-promptement. Au même inftant nous trouvâmes que le nombre de fes pulfations étoit de 120 par minute, c'eft-à-dire, prefque double de celui que nous avions obfervé avant fon réveil (*a*). La preuve que cette augmentation de pulfation provenoit de l'action de la *lumière*, c'eft qu'à fept heures du matin, pendant le fommeil de la même perfonne, fes pulfations étoient de 72 par minute, & qu'après fon réveil, elles étoient de même de 72 par minute.

Nous avons vu ci-deffus qu'*ayant confidéré comme un point fixe, la fenfation que nous éprouvons lorfque nous communiquons une quantité de calorique quelconque, nous exprimons par le mot chaleur, la fenfation que nous éprouvons lorfque nous en communiquons moins, & par le mot froid, la fenfation que nous éprouvons*

Sixième énoncé.

(*a*) Quelques médecins penfent qu'un réveil fubit dans un endroit obfcur produiroit un effet à peu-près femblable.

lorfque nous en communiquons davantage ; mais, les quantités de *calorique* que nous communiquons à des corps hétérogènes qui ont la même *température*, étant très-variables, il en réfulte que *des corps qui ont la même tempé-rature, nous communiquent fouvent des fenfa-tions tout-à-fait différentes.* Si, par exemple,

la *température* de l'atmofphère étant de fept ou huit degrés au-deffus du *zero thermomé-trique*, nous plongeons notre main dans de l'eau qui foit à la même *température*, nous éprou-vons auffi-tôt une fenfation différente, que nous exprimons en difant que nous avons *froid.*

Cette différence de fenfation dans des fubf-tances qui ont cependant la même *tempéra-ture*, provient des quatre *caufes* que nous allons énoncer, mais plus particulièrement de la différence plus ou moins grande des *capa-cités* qui, ainfi que j'ai eu l'honneur de vous l'expliquer dans un autre mémoire, ne font que l'*expreffion de la quantité comparative de calorique qu'il faut communiquer à des poids égaux de fubftances hétérogènes, pour élever leur température du même nombre de degrès.* Ainfi, lorfque la *capacité* d'un corps eft moins grande que celle d'un autre corps, il faut com-muniquer au premier moins de *calorique* qu'au

(13)

ſecond, pour produire dans l'un & dans l'autre le même changement de *température*. Nous devons donc, en les touchant, éprouver des ſenſations différentes, parce que, dans le premier cas, nous fourniſſons moins de *calorique* que dans le ſecond ; d'où nous pouvons conclure que les différences qui exiſtent entre les ſenſations que nous éprouvons, lorſque nous touchons des corps hétérogènes qui ſont cependant à la même *température*, proviennent, en grande partie, des différences qui exiſtent entre les *capacités* de ces corps. Mais, dira-t-on Réponſes aux objections qu'on peut faire. peut-être, les expériences du docteur Crawford paroiſſent démontrer que la *capacité* de l'eau étant repréſentée par le nombre 100, celle de l'air atmoſphérique eſt repréſentée par le nombre 179 ; d'où il ſuit que ces deux ſubſtances étant à la même *température*, la première devroit plutôt nous procurer la ſenſation de *chaleur* que la ſeconde. Si l'on y réfléchit cependant attentivement, on reconnoîtra que cette objection n'eſt que ſpécieuſe. Les expériences du docteur Crawford indiquent bien que la *capacité* de l'eau eſt à celle de l'air atmoſphérique comme 100 eſt à 179, mais c'eſt à égalité de poids, & non à égalité de volume. Lors donc que l'une de nos mains ſe trouve dans l'air atmoſphérique, ſon contact avec ce fluide n'eſt

pas plus grand que celui qui exifte entre l'eau
& la main que nous plongeons dans ce liquide;
mais comme la pefanteur fpécifique de l'eau
eft à celle de l'air atmofphérique comme 800
eft à 1 à peu-près, il en réfulte que la maffe
de l'eau qui touche notre main dans la première circonftance, eft bien plus confidérable
que celle de l'air qui, dans la feconde, eft
en contact avec cette même partie de notre
fyftême. Mais, objectera-t-on peut-être encore,
fi ce raifonnement étoit vrai, on devroit perdre
cinq ou fix cent fois plus de *calorique*, lorfqu'on
eft plongé dans l'eau que lorfqu'on eft plongé
dans l'air; cette objection feroit fondée, fi une
foule de *caufes* n'influoit pas très-fenfiblement fur
ces dégagemens comparatifs de *calorique* dans des
tems égaux. Les deux principales font; 1°. cette
propriété fingulière dont jouiffent certains corps
qu'on a nommés pour cette raifon, *mauvais
conducteurs de la chaleur*; propriété qui, ainfi
que j'aurai l'honneur de vous le démontrer
dans une autre circonftance, provient du concours de différentes forces, 2°. le renouvellement très-rapide du contact qui exifte entre
nos organes & l'air atmofphérique, compara-
tivement au renouvellement de contact qui
exifte entre ces mêmes organes & l'eau, fur-
tout lorfque celle-ci n'eft pas agitée. Ainfi, la

différence qu'on obferve entre les quantités de *calorique* que nous communiquons à l'air & à l'eau, lorfque nous fommes dans des circonftances femblables, dépend de la réunion de ces différentes caufes, & fuivant qu'elles fe combinent plus ou moins favorablement, la communication du *calorique* fe fait avec plus ou moins d'abondance. *Toutes les fois donc que des corps qui font à la même température, nous font éprouver des fenfations différentes, nous devons confidérer leur capacité, leur maffe, le renouvellement plus ou moins confidérable de leur contaEt avec notre fyfléme, & la facilité plus ou moins grande avec laquelle ils permettent au calorique de fe mettre en équilibre* (facilité qu'on a nommée jufqu'à préfent *propriété conduErice de la chaleur*). Si l'on fuit cette méthode, on reconnoîtra promptement pourquoi le marbre, le fer, &c. nous paroiffent plus *froids* que le bois, par exemple, lors même que ces fubftances ont la même *température* & qu'elle eft au-deffous de la nôtre. Cette explication eft au furplus applicable à toutes les différences qui exiftent entre les fenfations de *chaleur* & de *froid* que nous font éprouver les divers corps de la nature, lorfque nous les touchons, & qu'ils ont la même *température*.

C'eft auffi à raifon du concours de ces quatre

forces, que, toutes chofes égales d'ailleurs, la glace fe fond plus promptement fur certains corps que fur d'autres.

Toutes ces obfervations prouvent que *le ther-momètre n'eft pas une mefure exaǎe de la cha-leur, ainſi qu'on l'a annoncé pendant long-tems.* L'idée qu'on fe formoit, en admettant qu'il jouiffoit de cette propriété, étoit abfolument fauffe.

Nous avons vu ci-deffus, 1°. *que la fenfa-tion de chaleur ou de froid que nous éprouvons, dépend de la quantité de calorique que nous recevons des corps environnans, ou que nous leur communiquons ; 2°. que, toutes chofes égales d'ailleurs, cette communication dépend du renou-vellement de contaǎ.* Ces deux vérités vont nous fervir à préfenter l'explication d'un fait parti-culier qu'on obferve très-fouvent dans l'été. Lorfque l'air étant parfaitement calme, fa *tem-pérature* fe trouve de 20 degrés environ au-deffus du *zéro thermométrique*, nous éprouvons une fenfation de *chaleur ;* mais, fi le vent s'élève, quoique fa *température* foit également de 20 degrés, nous difons que le tems eft ra-fraîchi, parce que, communiquant aux corps environnans une plus grande quantité de *calo-rique*, à raifon du renouvellement du contaǎ, nous éprouvons une fenfation différente, quoi-que

que le thermomètre soit toujours au même degré.

L'habitude influe considérablement dans le même individu sur l'intensité de ses sensations, parce qu'elle fait varier sans cesse le jugement de comparaison qu'il établit entre les différens degrés de la même sensation. Une personne, par exemple, qui n'est pas habituée à boire de l'eau-de-vie, se plaint de l'action vive que cette boisson exerce sur son *irritabilité* ou sur sa *sensibilité*, mais lorsqu'elle a continué pendant un certain tems l'usage de cette liqueur, elle n'éprouve presque plus de sensation lorsqu'elle en boit d'un peu moins spiritueuse.

Huitième énoncé.

Premier exemple.

Il en est de même des différences qu'on observe dans les degrés de *sensibilité* de telle ou telle partie de notre corps ; tout le monde sait, par exemple, que notre main peut supporter des *températures* qui produiroient sur toute autre partie de notre système des sensations extrêmement douloureuses.

Deuxième exemple.

C'est ainsi que par degré on peut s'habituer, jusqu'à un certain point, à l'usage des substances les plus dangereuses, telles que les poisons, l'opium, &c. Cette considération est d'une grande importance dans l'usage trop long-tems continué des médicamens. Dans le commencement, ils agissent sur nos organes, mais bientôt

Troisième exemple.

B

ceux-ci s'habituent à leur action, & alors ces
médicamens ne produifent plus l'effet qu'on
auroit droit d'en attendre dans toute autre cir-
conflance; aufli eft-il bien reconnu que les
maladies les plus dangereufes font celles qui
ont réfifté pendant un certain tems aux remèdes
les plus actifs. On conçoit encore que, lorfque
nous fommes ainfi habitués à un remède quelconque, il feroit très-imprudent de ceffer tout-
à-coup fon ufage, parce qu'alors, il pourroit
exifter entre les deux fenfations fucceffives,
une différence affez grande pour produire des
maladies plus ou moins graves.

Neuvième énoncé. *L'habitude n'eft pas la feule caufe qui faffe
varier l'intenfité des fenfations du même indivi-
du; il exifte beaucoup d'autres caufes qui peuvent*
Premier exemple. *produire le même effet.* C'eft ainfi que vers la
fin du *friffon* des fièvres, nous éprouvons pref-
que toujours, fuivant Cullen (a), un fentiment

(a) Voyez les Elémens de Médecine-pratique de
Cullen, v. I, pag. 7. *Dès que ces fymptômes com-
mencent, l'on peut s'appercevoir par le toucher, d'un
froid des extrémités, auquel le malade ne fait que peu
d'attention. Ce n'eft qu'au bout d'un certain tems qu'il
éprouve lui-même une fenfation de froid, qui commence communément dans le dos, & bientôt fe communique à tout le corps; alors là peau paroît chaude
au toucher.*

de *froid* très-douloureux, tandis que les perfonnes qui nous touchent éprouvent une fenfation de *chaleur*, qu'ils expriment en difant
que nous fommes *brûlans* (a). Cet effet pro-

(a) J'ai annoncé dans un Mémoire fur la refpiration,
imprimé dans le Journal de Phyſique en Décembre
1790, que, pendant le *friſſon* de la fièvre, il y a moins
d'air vital décompofé dans les poumons, & conféquemment moins de *calorique* communiqué à tout le fyftême.
Comment peut-il donc fe faire, me demandera-t-on
peut-être, qu'à la fin du *friſſon* des fièvres, nous pro-
curions cependant une fenfation de *chaleur* aux perfonnes qui nous touchent? Si l'on veut y réfléchir attentivement, on fentira que ce phénomène dépend de ce
que le fpafme qui fe forme dans cette circonſtance à la
fürface de notre peau, arrête la *tranſpiration*. Fourniſ-
fant donc alors aux perfonnes qui nous touchent, toute
la portion de *calorique* qui fe feroit combinée avec
celles de nos humeurs que l'air auroit pu diſſoudre, nous
leur en communiquons plus qu'à l'ordinaire, quoique
dans cette circonſtance notre fyftême en contienne réellement moins. Joignons à cette explication, les chan-
gemens de *capacité* & même de *nature* qui, dans l'état
de maladie, peuvent furvenir à quelques parties de notre
fyftême, & nous concevrons très exactement pourquoi,
lorfque nous touchons, vers la fin de fon accès de *friſſon*,
un individu qui a la fièvre, nous éprouvons une fenfation de *chaleur*, quoique le malade contienne réellement moins de *calorique* qu'à l'ordinaire, & qu'il reſſente
même un *froid* très-douloureux.

B ij

vient très-probablement d'un changement dans notre système. Que ce changement existe dans les *muscles* ou dans les *nerfs*, c'est sur quoi nous reviendrons dans un autre moment; il nous suffit de prouver quant à présent, *que l'intensité des sensations du même individu est extrêmement variable, soit dans l'état de maladie, soit dans l'état de santé.* Après avoir été alité

Deuxième exemple. pendant un certain tems, par exemple, on éprouve presque toujours une sensation de

Troisième exemple. *froid* plus ou moins marquée. C'est aussi, par la même raison, que dans les différentes périodes de la vie, nous sommes plus ou moins *sensibles.* Il faut donc observer que toutes les

Les explications que renferme ce Mémoire supposent que notre système ne varie pas. explications que renferme ce mémoire, supposent que notre système ne varie pas sensiblement. Je reviendrai dans une autre circonstance sur les phénomènes que produisent ces variations. J'expliquerai alors pourquoi dans certaines circons-

Observation intéressante. tances, & principalement, lorsqu'après avoir perdu beaucoup de sang, notre existence est prête à s'anéantir, nous pouvons boire une bouteille d'eau-de-vie, sans que la sensation qu'elle nous procure soit différente de celle que nous procureroit dans l'état de santé une égale quantité d'eau. Je prouverai aussi à cette époque,

Action des spiritueux. que les *spiritueux n'agissent pas sur notre système comme dissolvans, mais seulement comme stimulans.*

Puisqu'il existe des variations si fréquentes dans le degré de sensation du même individu, lors même qu'il est dans des circonstances semblables, il en résulte que *le rapport qu'on peut établir entre l'intensité des sensations qu'éprouvent différentes personnes, lorsqu'elles sont exposées aux mêmes influences, est variable par une infinité de causes.* Deux personnes, par exemple, expriment d'une manière différente, les sensations qu'elles éprouvent lorsqu'on les plonge dans un fluide élevé à une *température* quelconque ; souvent l'une dit qu'elle *a chaud,* tandis que l'autre se plaint d'avoir *froid.*

Dixième énoncé.

Premier exemple.

Cette différence qui existe entre l'intensité des sensations qu'éprouvent plusieurs individus, lorsqu'ils sont dans des circonstances semblables, influe beaucoup sur l'usage des alimens, & à plus forte raison, sur celui des médicamens. Ne remarque-t-on pas très-souvent, en effet, que le même remède agit très-différemment, relativement à son intensité, sur telle ou telle personne ? C'est au médecin instruit à saisir ces nuances : les charlatans qui n'y regardent pas de si près, produisent dans ces circonstances, des maux incalculables, pour lesquels on devroit sévir contr'eux avec la plus grande rigueur.

Observations sur l'administration des médicamens.

On ne juge de la sensation d'une personne, que par l'idée que l'on attache au mot dont elle se

Onzième énoncé.

fert pour l'exprimer. Ainſi, lorſque quelqu'un dit qu'il a *froid*, nous croyons qu'il éprouve une ſenſation ſemblable à celle que nous exprimons par le même mot. *Mais ce jugement eſt ſouvent très-inexaĉt.* Je ſuppoſe, par exemple, que pluſieurs perſonnes, qui n'ont jamais éprouvé aucune ſenſation, ſoient dans la même chambre, & que vous leur préſentiez une feuille de papier. Il eſt très-poſſible que cette feuille de papier produiſe ſur elles des ſenſations tout-à-fait différentes. Mais ſi vous leur dites, *la propriété dont jouit le corps qui eſt devant vos yeux, & qui vous procure la ſenſation que vous éprouvez en ce moment, ſe nomme blancheur;* ils incorporeront ſi bien dans leur eſprit ce mot & cette qualité, qu'il ne leur ſera plus poſſible de les ſéparer. Toutes les fois donc qu'elles éprouveront la même ſenſation, elles diront qu'elles voyent du *blanc*; de même que lorſqu'on leur préſentera du *blanc*, elles éprouveront une ſenſation analogue, quelle que ſoit la différence qui exiſte entre les impreſſions que cette *couleur* produit ſur l'organe de leur *vue.*

Il en eſt de même des ſenſations de *chaleur* & de *froid*.

Nous pouvons donc conclure, que *l'intenſité des ſenſations qu'éprouvent divers individus, lorſqu'ils ſont expoſés aux mêmes influences, eſt*

Ce jugement eſt preſque toujours inexaĉt.

Exemple.

Douzième énoncé.

presque toujours différente dans chacun d'eux,
& n'est même comparable dans aucune cir-
constance. Ne pouvant pas dépeindre directement, en effet, les sensations que nous éprouvons, il est très-possible que nous choisissions,
pour les dénommer, des circonstances qui ne
soient pas analogues à celles que choisit tel ou
tel autre individu ; & conséquemment nous
nous tromperions beaucoup, si, lorsqu'une personne se plaint d'avoir *froid*, par exemple,
nous affirmions qu'elle éprouve une sensation
semblable à celle que nous désignons par la
même expression.

Observations qui peuvent lui servir de preuves.

Il nous arrive bien souvent, en voulant indi-
quer la sensation que nous éprouvons, de pré-
senter une idée tout-à-fait contraire à la vérité.
Citons quelques exemples. Lorsqu'après une
pluie abondante, le soleil est enveloppé de
nuages, & que l'atmosphère, dont la *tempéra-*
ture est subitement élevée de 7 ou 8 degrés,
se trouve sursaturée d'humidité, nous disons que
le tems est lourd; & cependant, en consultant
le baromètre, nous trouvons que la pression de
l'atmosphère est moins grande qu'elle ne l'étoit
auparavant. Nous présentons donc dans cette circonstance une idée fausse, que nous ne pouvons
corriger qu'en appréciant bien toutes les causes; il
faut par conséquent enchaîner les phénomènes,

Treizième énoncé.

Premier exemple.

& alors on reconnoît que nous attribuons à l'air une propriété qu'il n'a pas réellement (a).

Deuxième exemple. Lorsque nous faisons partir un fusil à vent, nous disons que l'air qui en sort est visible, mais nous nous trompons dans cette circonstance, parce que nous n'y réfléchissons pas assez; si nous remontions aux causes, nous reconnoîtrions promptement que ce phénomène dépend de la propriété dont jouit l'air jusqu'à un certain point, de dissoudre d'autant plus d'eau qu'il est plus comprimé, & d'abandonner cette eau lorsqu'il revient à son premier degré de compression. Il en est de même du brouillard qu'on observe lorsqu'on décharge un fusil, avec cette seule différence, que ce second phénomène dépend, en grande partie, de la propriété dont jouissent les fluides, de dissoudre d'autant plus d'eau qu'ils sont plus échauffés, & d'abandonner cette eau à mesure qu'ils se refroidissent (b).

Rapprochement des énoncés qui constituent ce mémoire. Il ne me reste plus maintenant, Messieurs, qu'à résumer en peu de mots les énoncés que j'ai eu l'honneur de vous présenter.

(a) Je présenterai par la suite la cause pour laquelle nous portons un faux jugement dans cette circonstance.

(b) On doit observer que dans ce dernier cas, la présence du carbone qui n'a pas été consommé, contribue pour beaucoup à l'épaisseur du brouillard qui accompagne l'inflammation de la poudre.

1°. Le calorique est un fluide répandu par-tout en grande quantité, & dont quelques effets ont de l'analogie avec ceux que produit la lumière, tandis que d'autres en diffèrent essentiellement.

2°. La lumière est un fluide répandu par-tout en grande quantité, & dont les effets sont presque toujours distincts de ceux que produisent les autres corps.

3°. La lumière, en agissant sur le sens de notre vue, nous procure une sensation que nous nommons clarté.

4°. Le calorique produit sur nos organes en vertu de la propriété dont il jouit, de se mettre en équilibre plus ou moins promptement, dans tous les corps qui sont en contact, deux sensations particulières, que nous nommons chaleur & froid. Lorsqu'il se combine avec notre système, nous éprou-vons la sensation de chaleur ; lorsqu'au contraire nous en communiquons aux corps voisins plus qu'à l'ordinaire, nous éprouvons la sensation de froid.

5°. Le mot feu nous représente une opération dans laquelle il y a en même-tems dégagement de calorique & de lumière, & qui conséquem-ment nous procure deux sensations différentes, la chaleur & la clarté.

6°. L'intensité de la chaleur & du froid n'étant appréciable que par la comparaison que nous éta-blissons entre les différens degrés de ces sensations,

nous difons fouvent que nous avons chaud, lors
même que nous communiquons du calorique aux
corps environnans. Il réfulte de cette confidération, que nous éprouvons la fenfation de chaleur toutes les fois que le calorique fe combine
avec notre fyftême, ou que nous en communiquons aux corps environnans une quantité moins
confidérable que celle que nous leur communiquions à l'inftant où nous éprouvions une fenfation différente que nous défignions par le mot
froid, inftant qui fert pour lors de terme de comparaifon, & vice verfa.

7°. Comme nous n'avons que deux mots pour
exprimer l'intenfité des fenfations que nous procure
le calorique lorfqu'il ne déforganife pas notre
fyftême, le nombre de degrés qu'elle comprend eft
très-confidérable ; d'où il réfulte, 1°. que les mots
chaleur & froid ne nous préfentent aucun fens, fi
nous ne comparons pas les fenfations qu'ils expriment, à un point fixe qui ferve d'étalon. 2°. Que
ces fenfations ont des limites très-étendues, & n'ont
rien de ftable pour l'époque de leur dénomination.

8°. Le jugement que nous portons fur l'intenfité de la chaleur & du froid, dépend prefque
toujours, de la comparaifon que nous établiffons
entre la fenfation que nous éprouvons lors du
jugement, & celle que nous éprouvions l'inftant
d'auparavant.

9°. *Les différences qui exiſtent entre les ſen-*
ſations de chaleur & de froid que nous font éprou-
ver les différens corps de la nature, lorſque nous
les touchons, & qu'ils ont la même température,
dépend, & de leur capacité, & de leur maſſe,
& de leur propriété conduârice de la chaleur,
& de leur contaâ plus ou moins renouvellé.

10°. *Il s'en faut de beaucoup que le thermo-*
mètre ſoit, ainſi qu'on l'a cru pendant long-tems,
une meſure exaâe de la chaleur.

11°. *L'habitude influe conſidérablement dans*
le même individu ſur l'intenſité de ſes ſenſations,
parce qu'elle fait varier ſans ceſſe le jugement
qu'il établit entre les différens degrés de la même
ſenſation.

12°. *L'habitude n'eſt pas la ſeule cauſe qui*
faſſe varier l'intenſité des ſenſations du même in-
dividu, il exiſte beaucoup d'autres cauſes qui
peuvent produire le même effet.

13°. *Le rapport qu'on peut établir entre l'in-*
tenſité des ſenſations qu'éprouvent différentes per-
ſonnes, lorſqu'elles ſont expoſées aux mêmes
influences, eſt variable par une infinité de cauſes.

14°. *On ne juge de la ſenſation d'une per-*
ſonne, que par l'idée qu'on attache au mot dont
elle ſe ſert pour l'exprimer. Mais ce jugement
eſt preſque toujours inexaâ.

15°. *Lorſque nous voulons indiquer la ſenſa-*

tion que nous éprouvons, il nous arrive souvent
de présenter une idée contraire à la vérité.

Je n'ai parlé jusqu'ici, Messieurs, ni des
sensations qui dépendent de la désorganisa-
tion de notre système par l'action du *calorique*,
ni de l'influence de l'humidité de l'atmosphère
sur les sensations de *chaleur* & de *froid*; mais
mon Mémoire étant déjà très-long, je réserve-
rai ces objets pour d'autres séances.

F I N.